Frank Wobith

Majestätische Eichen in Hunsrück und Eifel

AF833694

© 2025
Frank Wobith
Alle Rechte vorbehalten
Produktion: RHEIN-MOSEL-VERLAG
Bundesbahnhof 1, 56859 Bullay/Mosel
Deutschland
Tel. 06542/5151
E-Mail: rhein-mosel-verlag@t-online.de
www.rhein-mosel-verlag.de
ISBN 978-3-89801-706-0
Ausstattung: Stefanie Thur
Titelfoto: Frank Wobith
Fotos: Frank Wobith

Damit die kulturelle Vielfalt erhalten und für die Leser bezahlbar bleibt, gibt es die gesetzliche Buchpreisbindung. Deshalb kostet ein verlagsneues Buch in Deutschland jeweils immer und überall dasselbe. Ob im Internet, in der Großbuchhandlung, beim lokalen Buchhändler, im Dorf oder in der Großstadt – überall bekommen Sie Ihre Bücher zum selben Preis.

Frank Wobith

Majestätische Eichen
in Hunsrück und Eifel

Der »bestirnte Himmel über mir«
erfülle das Gemüt,
wie das moralische Gesetz in mir,
»mit immer neuer und zunehmender
Bewunderung und Ehrfurcht«

Immanuel Kant

Nr.	PLZ	Ort	Standort	Art	Name
01	55490	Woppenroth		S.E.	
02	55624	Bollenbach		T.E.	Dicke Eiche
03	55490	Mengerschied	In der Mausbach	S.E.	Große Eiche
04	55496	Holzbach		S.E.	
05	55469	Ohlweiler	Weinenweg	S.E.	
06	55469	Pleizenhausen	Weißmühle	S.E.	
07	55469	Pleizenhausen	im Wald	T.E.	
08	55494	Kleinweidelbach	Fam. Färber	S.E.	
09	55469	Nannhausen		S.E.	
10	55469	Nickweiler		S.E.	
11	55471	Ravengiersburg	Schutzhütte St. Florian	S.E.	
12			Soonwald	S.E.	Bollinger Eiche
13			Soonwald	S.E.	Kaisereiche
14			Soonwald	S.E.	Alberteiche
15	55483	Krummenau		S.E.	
16	55608	Bergen	An der K26	S.E.	
17	55596	Waldböckelheim	Jagdhaus Leonsruh	T.E.	Eiche am Pflanzgarten
18	55571	Odernheim	Disibodenberg	S.E.	
19	56253	Treis	Treiser Wald	T.E.	Schaufseiche
20	56253	Treis	Treiser Wald	T.E.	Weibereiche
21	54472	Brauneberg-Filzen	Klostergartenweg	S.E.	
22	54411	Rorodt	Tannenhof	S.E.	
23	54411	Rorodt	Hofberg	S.E.	
24	54426	Breit		T.E.	
25	55471	Külz	westl. K 20	T.E.	
26	55471	Külz	westl. K 20	S.E.	
27	54290	Trier-Filsch	An der Wolfskaul	S.E.	
28	54290	Trier-Filsch	Filscher Haus	S.E.	
29	55595	Winterburg	südl. L108	S.E.	
30	55595	Spabrücken	Aschborner Hof	T.E.	
31		Staatsforst Neupfalz Soonwald	Forsthaus Thiergarten	S.E.	
32		Staatsforst Neupfalz Soonwald	Glashütter Wiesen		
33		Staatsforst Neupfalz Soonwald	Glashütter Wiesen	S.E.	Erich-Albert-Eiche
34	55566	Bad Sobernheim	Stadtwald	T.E.	Eiche bei Hubertuslust
35	55566	Bad Sobernheim	Freilichtmuseum	T.E.	Dicke Eiche
36	56812	Valwigerberg	Schafstaller Hof	S.E.	
37	56812	Valwigerberg	Schafstaller Hof	S.E.	
38		Wiltinger Wald	Vierherrenborn	T.E.	Eiche am Krohkreuz
39	54426	Hilscheid	Forsthaus Röderbach	S.E.	
40	55425	Waldalgesheim	Ruheforst	T.E.	Kaltwassereiche
41	54292	Ruwer	Im Paulinsgarten	S.E.	
42		Binger Wald	Gerhardshof	T.E.	
43	55413	Weiler bei Bingen	Münsterer Wald	S.E.	Hildegardiseiche
44	66629	Eitzweiler	nordwestl. der L 315	S.E.	

Stammumfang	Alter- Keimjahr	Besonderheit	Region	Seite
4,03 m	350 – 380 J.		Hunsrück	16
5,91 m	500 – 550 J.		Hunsrück	18
5,82 m	500 – 550 J.		Hunsrück	20
4,85 m	450 – 480 J.		Hunsrück	24
5,15 m	480 – 500 J.	Habitatbaum	Hunsrück	28
5,22 m	480 – 500 J.		Hunsrück	30
4,62 m	420 – 450 J.		Hunsrück	32
3,95 m	350 – 370 J.		Hunsrück	34
4,64 m	420 – 450 J.		Hunsrück	36
4,77 m	Keimjahr um1600		Hunsrück	38
4,30 m	400 J.		Hunsrück	40
5,46 m	500 – 550 J.		Hunsrück	42
5,58 m	500 – 550 J.		Hunsrück	46
3,86 m	370 J.	Spiralwuchs	Hunsrück	48
6,28 m	550 – 600 J.		Hunsrück	50
5,37 m	500 J.		Hunsrück	52
5,08 m	450 – 500 J.		Hunsrück	54
5,34 m	500 J.	Steht auf Fels	Hunsrück	58
4,96 m	450 – 480 J.		Hunsrück	60
4,74 m	450 – 480 J.		Hunsrück	62
6,00 m	550 – 580J.		Hunsrück	64
4,45 m	420 – 450 J.		Hunsrück	66
5,86 m	500 – 550 J.		Hunsrück	68
4,38 m	350 – 400 J.		Hunsrück	70
4,55 m	420 – 450 J.		Hunsrück	72
4,60 m	420 – 450 J.		Hunsrück	74
5,90 m	500 – 550 J.		Hunsrück	76
4,58 m	420 – 450 J.		Hunsrück	78
4,58 m	420 – 450 J.		Hunsrück	80
3,70 m	350 – 380 J.	Steht auf Fels	Hunsrück	82
5,00 m	450 – 480 J.		Hunsrück	86
		Hute-Eichen	Hunsrück	88
4,22 m	380 – 400 J.		Hunsrück	92
5,12 m	450 – 480 J.		Hunsrück	94
4,04 m	380 – 400 J.		Hunsrück	96
5,36 m	500 – 550 J.	Titelbild	Hunsrück	98
4,74 m	450 J.	Zwiesel	Hunsrück	100
4,08 m	350 – 380 J.		Hunsrück	104
4,89 m	450 – 480 J.		Hunsrück	106
3,74 m	410 J.		Hunsrück	110
ca. 5 m	450 – 480 J		Hunsrück	112
5,10 m	480 – 500 J.	Hute-Eiche	Hunsrück	114
5,36 m	500 – 520 J.		Hunsrück	118
7,90 m	550 – 600 J.	Maserknolle	Hunsrück	122

Nr.	PLZ	Ort	Standort	Art	Name
45	54518	Plein	Tempelkopf	S.E.	Alte Eiche
46	53945	Uedelhoven	Marliesenhof	S.E.	
47	53945	Rohr	Distrikt Buch	S.E.	
48	54597	Merlscheid	Im Ort	S.E.	
49	54313	Rodt	Am Weiher	S.E.	
50	54313	Rodt	Am Weiher	S.E.	
51	54534	Großlittgen	Kloster Himmerod	S.E.	
52	54298	Aach	Sievenicher Hof	S.E.	
53	54298	Aach		S.E.	Grenzeiche
54	54675	Körperich	Kammerwald	T.E.	Königseiche
55	54619	Roscheid	Im Ort	S.E.	Thommeseiche
56	56825	Schmitt		S.E.	
57	56825	Gillenbeuren	Nähe Birkenhof	S.E.	Dicke Eiche
58	56825	Gillenbeuren	südwestl. Birkenhof	S.E.	
59	54523	Dierscheid		S.E.	Alte Eiche
60	54516	Flußbach		T.E.	
61	54340	Klüsserath	Wassertretbecken	S.E.	
62	54518	Osann-Monzel	Stoppelberg	T.E.	Förster Claus Eiche
63	54668	Prümzurlay	Burgruine	T.E.	
64	54668	Bollendorf	Diesburger Hof	T.E.	Tausendjährige Eiche
65	56626	Andernach	Gut Nettehammer	S.E.	
66	56626	Andernach	Marienstätter Hof	S.E.	
67	54675	Lahr	An der Kapelle	S.E.	
68	54675	Lahr	Hinter der Kapelle	S.E.	
69	54570	Rockeskyll	Im Ort	Hybrid	
70	56653	Glees	Kloster Maria Laach	T.E.	
71	52156	Monschau	Im Läucherbüschel	T.E.	
72	52156	Kalterherberg		S.E.	Theiss-Eiche
73	53125	Röttgen	Kottenforst	T.E.	Mammuteiche
74	53947	Pesch		S.E.	
75	53913	Heimerzheim	Stadtwald	T.E.	Krause Eiche

* S.E.: Stieleiche
T.E.: Traubeneiche

Stammumfang	Alter- Keimjahr	Besonderheit	Region	Seite
3,98 m	400 – 420 J.		Eifel	126
4,76 m	450 J.		Eifel	128
4,62 m	450 J.		Eifel	130
5,43 m	500 J.		Eifel	132
5,10 m	475 – 500 J.		Eifel	134
4,70 m	450 – 470 J.		Eifel	135
4,55 m	420 – 450 J.		Eifel	136
4,42 m	420 – 450 J.		Eifel	138
5,31 m	500 J.		Eifel	140
5,05 m	450 J.		Eifel	144
4,80 m	450 – 470 J.		Eifel	146
4,14 m	380 – 400 J.		Eifel	148
5,37 m	500 J.	Splintholz hohl	Eifel	150
4,27 m	400 – 420 J.		Eifel	152
5,39 m	500 J.		Eifel	154
5,10 m	480 – 500 J.		Eifel	156
4,66 m	420 – 450 J.		Eifel	158
5,09 m	480 – 500 J.		Eifel	160
4,95 m	450 – 500 J.	Steht auf Fels	Eifel	164
4,92 m	450 – 480 J.	Steht auf Fels	Eifel	166
6,13 m	550 – 600 J.		Eifel	170
3,95 m	370 – 380 J.		Eifel	172
4,35 m	420 J.		Eifel	174
4,53 m	420 – 450 J.		Eifel	176
4,36 m	380 – 400 J.		Eifel	180
5,30 m	480 – 500 J.		Eifel	182
4,05 m	380 – 400 J.		Eifel	184
3,91 m	350 – 380 J.		Eifel	186
4,83 m	450 – 480 J.	Schwer zugänglich	Eifel	188
5,02 m	480 – 500 J.		Eifel	192
5,88 m	500 – 550 J.		Eifel	196

Majestätische Eichen in Eifel und Hunsrück

Es ist mir eine Herzensangelegenheit über diese alten, knorrigen Eichen einen zweiten Bildband zu erstellen.

Beim Anblick eines solchen majestätischen, uralten Baumes stellt sich ein Gefühl von Staunen, Ehrfurcht und große Freude ein. In Anbetracht des Klimawandels ist es umso wichtiger, diese alten ehrfurchtgebietenden Natur-Denkmäler ins rechte Licht zu rücken und somit dem Betrachter ihre Einzigartigkeit und Schönheit zu vermitteln.

Es geht darum, ihr Erbe zu bewahren und für die Nachwelt zu dokumentieren und sie fotografisch festzuhalten. Wer jemals die Möglichkeit hatte, am Baumfuß eines solchen würdevollen Wesens innezuhalten und Freundschaftsbande zu knüpfen, vergisst dieses Erlebnis niemals wieder. Meine Hoffnung ist es, den Blick für diese außerordentlichen Naturwunder zu schärfen und zu sensibilisieren.

Die Eiche ist und bleibt der Deutschen liebster Baum, sie ist integraler Bestandteil der Volksseele, ein Symbol für Kraft, Stärke, Standhaftigkeit und Langlebigkeit. Wenn man bedenkt, wie viele günstige Bedingungen zusammenfließen müssen, um aus einem Sprössling einen uralten Titanen des Waldes werden zu lassen, erfüllt das eines Menschen Herzen mit großer Demut. Auch ihre identitätsstiftende Wirkung auf uns Menschen ist außerordentlich.

Nach dem Erscheinen des ersten Bildbandes (Majestätische Eichen in Eifel und Hunsrück) im Jahr 2020 wurde mir im Laufe der letzten vier Jahre immer bewusster, dass ein zweites Buch (Majestätische Eichen in Hunsrück und Eifel) folgen musste.

Dieses ist der Tatsache geschuldet, dass in diesem Zeitraum viele wundervolle Exemplare leider verschwunden sind. Sei es durch Sturmschäden, Blitzschlag, straßenbauliche Maßnahmen, gewerbliche und private Bebauung oder illegale Fällungen.

Dadurch sehe ich mich veranlasst, so viele Exemplare wie möglich zu dokumentieren.

Es wäre sehr schade und traurig, wenn solch wundervolle majestätische Baumriesen einfach sang- und klanglos verschwinden würden. Daher ist es mir ein Herzensanliegen, ein kleines Archiv für die Nachwelt zu erstellen.

Auf meinen Exkursionen musste ich leider feststellen, dass auch viele Starkeichen dem Klimawandel bereits zum Opfer gefallen sind. Wenn solche tiefverwurzelten Titanen des Waldes den klimatischen Bedingungen nichts mehr entgegensetzen können, sollte das uns alle sehr nachdenklich stimmen.

Die Eiche und ihre Bedeutung für unsere Vorfahren, den Kelten und Germanen.

Den Kelten war die Eiche der heiligste Baum, auf ihr wuchsen die begehrten Misteln, diese wurden mit einer goldenen Sichel von einem Druiden geschnitten. Die Symbiose zwischen Eiche (kelt: Duir – von den Göttern selbst ausgewählt) und Mistel (kelt: Oljo-liagi-als Himmelsbote) galt den Kelten als geheiligtes Objekt (magisch-mystische Verbindung). Die Druiden trafen sich zur Kommunikation mit der göttlichen Welt in ihren heiligen Eichenhainen (kelt: Nemeton). Die Eiche galt als Hauptbaum der Götter.

Die Mistel war die wertvollste Heil- Kult- und Kulturpflanze der Kelten. Sie ist in der heutigen Zeit aus der alternativen Medizin nicht mehr wegzudenken.

Auch bei den Germanen galt die Eiche als heiliger Baum, als Altar und Tempel. Ebenso wurden bei den Baumheiligtümern (Thingplätze) große Versammlungen abgehalten und Recht gesprochen. Auf den ehemaligen germanischen Thingplätzen dienten sie auch weiterhin noch lange als Gerichtsbäume.

Zwei stolze Eichen möchte ich in diesem Zusammenhang besonders hervorheben, was dem Umstand zu verdanken ist, dass diese auf geschichtsträchtigem Grund stehen. Um hier den Hintergrund zu erhellen nun einige Informationen zum besseren Verständnis.

Da wäre die Kaltwassereiche in Waldalgesheim (Standort direkt am Ruheforst, Hunsrück) und eine sehr interessante und schöne Eiche hoch oben auf dem Tempelkopf (ehemalige keltische Fliehburg frühgeschichtlich) im Liesertal nahe der Pleiner Mühle (Eifel) gelegen.

Waldalgesheim war in der La-Tène Zeit (500 – 50 v. Chr.) ein bedeutendes Zentrum keltischen Lebens und Wirkens.

Die Kelten waren die erste Hochkultur Europas, ihre Blütezeit lag in der La-Tène Zeit, benannt nach dem Fundort vieler keltischer Artefakte in der Schweiz (ein kleines Dorf am Neuenburger See gelegen). Man unterteilt diese Epoche in drei Phasen:

La-Tène I 500 – 300 v. Chr.
La-Tène II 300 – 200 v. Chr.
La-Tène III 200 – 50 v. Chr.

Das Ende der La-Tène Zeit setzt der römisch/gallische Krieg, beschrieben in Cäsar's »De bello gallico«. Heerführer der Kelten war Vercingetorix, ein Averner (heutige Auvergne).

Der Wasserspiegel des Neuenburger Sees lag zur keltischen Zeit ca. 2,50 m höher. In dem Zeitraum von 1868 – 1891 wurde der See abgesenkt (Juragewässerkorrekturen), dabei wurden ca. 2500 Fundstücke (Votivgaben) längst vergangener Zeit freigelegt, was bei den Experten (Historiker und Archäologen) damaliger Zeit großes Erstaunen ausgelöst hat.

Waldalgesheim war zu antiker Zeit wohl ein sehr bedeutender Ort. Das Doppelgrab von Waldalgesheim gibt Zeugnis über diese Epoche ab. Dort konnten ein Halsring (Torque) und zwei Armringe geborgen werden. Diese zählen zu den schönsten Stücken, die aus keltischer Zeit erhalten geblieben sind. Sie wurden unter dem Namen »Waldalgesheimer Stil« bekannt.

Es ist mir eine große Freude, dass zwei wunderschöne Exemplare der majestätischen alten Eichen auf ehemaligem keltischen Grund stehen. Was unsere beiden Mittelgebirgslandschaften eint, ist die Tatsache, dass wir hier über uralten keltischen Siedlungsraum sprechen. Geschichtlich spricht man von der Eifel-Hunsrück-Kultur. Die ehemaligen Siedlungsräume der hier ansässigen Keltenstämme waren eingeteilt wie folgt:

Nemetes an der Nahe, Nahe-Bergland und Glan,
Treveri an der Mosel, Eifel und Mittelrheintal,
Eburones in der nördlichen Eifel, Ardennen und hohes Venn.

Dieses ist für mich ein Brückenschlag zu den Eichen, da diese knorrigen, altehrwürdigen Gesellen der Kelten liebster Baum waren.

Des Weiteren ist es mir wichtig, dass diese majestätischen Eichen im Kontext zur Geschichte stehen.

Altersbestimmung

Eine Möglichkeit wäre es, mit einem Resistographen zu arbeiten. Die Bohrwiderstandsmessung ist eine Untersuchung von Bäumen durch Messung des benötigten Drehmoments im Bohrweg einer dünnen Bohrung. Das gemessene Drehmoment ergibt eine zur Dichte linear korrelierenden Messkurve. Die Methode wird zur Baumuntersuchung und zur Baumpflege genutzt und kann auch zur Altersbestimmung herangezogen werden. Diese Prozedur stellt jedoch eine Schädigung und Verletzung dar.

Nur für die reine Altersbestimmung steht dieses in keinem Verhältnis und ist daher abzulehnen.

Bei der Altersbestimmung spielen viele Variablen eine entscheidende Rolle, etwa die Bodenbedingungen, Nährstoffangebot, Wasserverfügbarkeit (evtl. Grundwasser), Höhenlage, Flachland, Genetik, Lichtverhältnisse usw.

Als ein weiterer Indikator für die Altersbestimmung ist die Rinde bzw. die Borke zu nennen.

Je älter eine Eiche wird, um so mehr entwickelt sich im Laufe von Jahrhunderten ihre Borke.

Diese kann durchaus eine beachtliche Stärke von 8 – 12 cm und mehr erreichen.

Die Strukturen, die diese alten, knorrigen Kameraden ausbilden, gleichen wahren Kunstwerken. Jeder einzelne Eichbaum hat dadurch sein eigenes Charakteristikum herausgebildet. Dabei entwickelt sich die Borke von unten nach oben und strebt bis hinauf zur Krone.

Je mehr Indikatoren zusammentreffen, desto eher gelingt eine vernünftige Altersbestimmung.

Letztendlich kann man solche alten Baumveteranen unter Zuhilfenahme aller Informationen nur nach bestem Wissen und Gewissen einschätzen.

An der Stärke des Stammes lässt sich nur bedingt das Alter eines Baumes bestimmen. Man kann auf Bäume, von denen man das Alter gesichert weiß (alte Chroniken/ Pflanzjahr), aufwendige Methoden (Resistograph) usw. als Grundlage der Altersbestimmung zurückgreifen. Dadurch hat man die Möglichkeit, Quervergleiche anzustellen.

Es gibt Eichen im Spessart, die einen Durchmesser von knapp 1 m haben, jedoch bereits ein Alter von 400 Jahren aufweisen. Dann gibt es solche Exemplare, die unter extremsten Bedingungen (Fels, Rosselhalde) bei geringem Durchmesser (0,80 – 1,00 m) durchaus ein Alter zwischen 400 und 550 Jahren bereits erreicht haben (siehe im 1. Bildband Eiche unterm Weißenstein, Hsr.)

Weitere signifikante Beispiele sind:

1) Forst Hsr., (gemessen 26.03.2021), T.E., Umfang 2,80 m, Keimjahr 1757, Alter 264 Jahre.

2) Hubertuseiche bei Birgel, Eifel (gemessen 16.09.2024), S.E., Umfang 3,50 m. Diese Eiche wurde 1938 mit einem Umfang von 2,50 m gemessen, d.h. in 86 Jahren hatte sie einen Zuwachs von 1,00 m. Wenn man ein Alter von um 200 Jahren annimmt, incl. der 86 Jahre, ist das Keimjahr in etwa bei 1740 – 1750 anzusiedeln, ergo hat die Hubertuseiche ein Alter von etwa 280 Jahren.

3) Kaltwassereiche bei Waldalgesheim, Hsr., T.E., Umfang 3,74 m, Keimjahr 1610, Alter 410 Jahre.

Eichen können sich aber durchaus auch bei gleichem Standort und Bedingungen sehr unterschiedlich entwickeln (z. B. Baumallee Bassenheim).

Auch ist hierbei ein erfahrener Wünschelrutengänger sowie eine gute Intuition hilfreich.

Wachstum

Zum Baumaufbau:

- Rinde, bestehend aus Borke (Schutz) und Bast (Nährstofftransport)
- Kambium (Wachstumsschicht)
- Splintholz (Wassertransport)
- Kern (Stabilität)

In jungen Jahren wachsen Eichen schneller als im Alter, was in der Natur der Sache liegt. Dieser anfängliche Zuwachs liegt bei etwa 4 – 5 cm pro Jahr. Eine Eiche mittleren Alters (ca. 300 Jahre) gewinnt pro Jahr etwa 2 – 3 cm an Umfang hinzu. Ab einem Alter von 400 Jahren und mehr geht das Wachstum deutlich langsamer vonstatten (1 cm pro Jahr, zum Teil auch weniger).

Zum besseren Verständnis der Mächtigkeit eines stattlichen Eichenbaumes muss man den Umfang ins Verhältnis zum Durchmesser setzen.

So entspricht jeweils am Messpunkt (1,30 m Höhe) ein 4 m-Exemplar einem Durchmesser von 1,27 m, ein 5 m-Exemplar. bereits einem Durchmesser von 1,59 m und ein 6 m-Exemplar bereits einem stattlichen Durchmesser von 1,91 m.

In letzter Konsequenz ist es auch relativ belanglos, ob ein Baum z. B. tausendjährig ist oder nur 900 Jahre. Beides ist äußerst beeindruckend.

Auch beim Messen des Umfangs in Brusthöhe (1,30 m forstbotanischer Standard) geht es nicht um den einen oder anderen Zentimeter. Für mich ist es von Relevanz, dass der Betrachter eine Vorstellung von den zum Teil gewaltigen Dimensionen erhält.

Mein Bestreben ist es, diese erhabenen, uralten Baumveteranen in all ihrer Pracht und Schönheit darzustellen.

Unterscheidung

Wichtige Unterscheidungsmerkmale zwischen Stieleiche (Quercus robur) und Traubeneiche (Quercus petrea) sind bei der Stieleiche gelappte Blätter mit kurzem, nur 0,5 cm langem Stiel. Bei ihr stehen 1 – 3 Eicheln mit ihren schuppigen, napfförmigen Bechern auf einem 3 – 8 cm langen Stiel.

Bei der Traubeneiche findet man gelappte Blätter mit 1 – 2 cm langem Stiel. Bei dieser sind 3 – 7 Eicheln dicht in einer kurz gestielten Traube beisammen. Die walzenförmigen Eicheln sind zuerst grün, später hellbraun. Am Fehlen von Längsstreifen und an der gedrungenen Form sind Eicheln der Traubeneiche von jenen der Stieleiche zu unterscheiden.

Sie bastardieren häufig miteinander, so dass eine eindeutige Zuordnung oftmals schwierig ist.

Eichen gehören zur Familie der Buchengewächse (Fagaceae).

Es gibt weltweit etwa 500 verschiedene Eichenarten, in Europa 20 bis 30 wobei die Artenanzahl nach Norden hin stark abnimmt, so dass in Skandinavien nur noch zwei Arten vorkommen (Stiel- und Traubeneiche). In Mitteleuropa findet man vier Arten, Stieleiche (Quercus robur), Traubeneiche (Quercus petraea), Flaumeiche (Quercus pubescens) und Zerreiche (Quercus cerris). Auch die Roteiche (Quercus rubra), ursprünglich aus Nordostamerika ist inzwischen hier zu finden.

Stieleiche

Traubeneiche

Grundsätzliches

Die Eiche ist ein lichtliebendes Gewächs. Daher sind auf Grund der Konkurrenz mit anderen Bäumen des Waldes große und mächtige Eichen dort eher selten anzutreffen.

Daraus ergibt sich, dass die meisten Starkeichen zum weitaus größeren Anteil in Feld und Flur zu finden sind (Hute-Eichen).

Ein Hute-Wald ist eine Graslandschaft, bestanden mit locker verteilten Eichen. Diesen hatte die Landbevölkerung in früheren Zeiten zur Beweidung genutzt. Man trieb dort die Schweine im Herbst zur Eichelmast.

Grüne Kraftwerke

Bäume sind wahre grüne Kraftwerke. Beispiel: ein großer Laubbaum produziert pro Stunde mehr als 2 kg Sauerstoff. Das sind pro Tag ca. 50 kg Sauerstoff, in einem Monat bereits 1500 kg. Dies entspricht einer Jahresleistung von ca. 18.000 kg Sauerstoff.

Der deutsche Wald entlastet unsere Luft jährlich um über 50 Millionen Tonnen CO_2.

Auch der Kühlungseffekt eines intakten Waldes ist von größter Bedeutung. Der Unterschied zu Offenland und Städten kann durchaus zweistelligen Gradzahlen entsprechen (Stadt im Hochsommer >38°C, intaktes Waldgebiet 26°C).

Ein ausgewachsener stattlicher Baum verdunstet etwa 500 Liter Wasser pro Tag und kühlt so seine Umgebung deutlich ab.

Auch der Gesundheitseffekt für Geist, Körper und Seele ist essentiell. Wir sollten den Wald als Verbündeten und Freund wahrnehmen und nicht nur als Rohstoffquelle sehen.

Ein Indikator eines intakten Waldes ist der Hirschkäfer. Dieser fühlt sich in gesunden Wäldern richtig wohl. Leider zählt auch er mittlerweile zu den bedrohten Arten.

Gerade Eichen sind für hunderte von Insektenarten von unschätzbarem Wert und somit für die Artenvielfalt von größter Bedeutung. Die dort vorhandenen Symbiosen sind unter allen Umständen zu hegen und zu pflegen. Intakte Wälder sind unsere Lebensversicherung und die Eiche ist der Baum schlechthin für die höchste Biodiversität und Artenvielfalt. Schenken wir diesen Titanen unsere ganze Aufmerksamkeit und Zuwendung.

01 Woppenroth

Ort	Fotografiert am	Standort	Art	Name	Stammumfang	Alter (Keimjahr)
Woppenroth Hunsrück	21.05.2023	ca. 1,5 km südlich	S.E.		4,03 m	350 – 380 Jahre

02 Bollenbach

Ort	Fotografiert am	Standort	Art	Name	Stammumfang	Alter (Keimjahr)
Bollenbach Hunsrück	05.06.2023	ca. 2 km südöstlich Grillhütte	T.E.	Dicke Eiche	5,91 m	500 – 550 Jahre

03 Mengerschied

Ort	Fotografiert am	Standort	Art	Name	Stammumfang	Alter (Keimjahr)
Mengerschied	05.06.2023	ca. 0,5 km südl.	S.E.	Große Eiche	5,82 m	500 – 550 Jahre

03 Mengerschied

Diese Eiche wurde am 23.06.2023 durch einen Sturm (Tief Lambert) leider stark beschädigt.

Bedingt durch den Klimawandel kommen diese Stürme jetzt auch im Sommer vor, zu einer Zeit, in der die Bäume voll belaubt sind. Das mindert natürlich die Chancen, so ein Ereignis schadlos zu überstehen.

Segen der Natur

Kleinode der Stille und des Friedens – Schätze der Natur.-
Orte innerer Sammlung – über Raum und Zeit enthoben.-
Zarte liebkosende Winde – eine Woge stiller Freude erfasst des Menschen ganzes Sein.-
Tief eingebunden in unermesslich weiten »Seelen-Raum« dort finden Seelen wieder heim.-

Öffne dein Herz und lass berühren deinen innersten Wesenskern.-
Lass dich mitreißen von der Fülle des Lebens.-
Nehmt demütig die Geschenke von »Mutter Erde« entgegen.-
Pulsierende rhythmische Kraft – Hoffnung und Zuversicht – Aufbruch in eine verheißungsvolle Zukunft.-

Wer über den Weg der Wahrhaftigkeit – zur Wahrheit voranschreitet – kultiviert Weisheit.-
Mit der Kraft der Intuition befindet man sich bereits auf der Landstraße der Engel.-
Die Natur als Seelenraum und Hort des Friedens zu erleben – bewahrt unser aller Seelenheil.-
Betrachte die Natur als Spiegel deiner selbst – sie ist das Alpha und das Omega allen Lebens.-
Selbstversunken, ganz kontemplativ – Mußestunden der Seele – Rückanbindung ans wahre Leben – zelebrierte Gottesandacht.-

Entwurzelte, dem geistigen Siechtum anheimfallende Menschheit – herabsinkendes Menschengeschlecht – Abenddämmerung.-
Jede Form der Umweltzerstörung ist reine Blasphemie.-
Ein vertrauensvolles »sich führen lassen« – innere Seelenregungen dankbar wahrnehmend – Veredlung hin zur Gottesunmittelbarkeit.-
Wer »Gottes« Schöpfung liebt und wertschätzt – reicher Lohn ist jenen gewiss.-

Engel der Natur weben ein Band innigster Freundschaft – mit Menschen, deren Herz und Seele weit geöffnet ist.-
Dem Wahrheitssucher, dessen Geist bereits geläutert – werden Mysterien des Lebens offenbart.-
Ein weites offenes Herz wird erfahren die Freude des Himmlischen, der »Lebens-Odem« wird genährt.-
Wir sollten unserer geliebten »Mutter Erde« ihren Stolz und Würde zurückgeben.-

Frank Wobith

04 Holzbach

Ort	Fotografiert am	Standort	Art	Name	Stammumfang	Alter (Keimjahr)
Holzbach Hunsrück	05.06.2023	ca. 1,0 km westl. Wochenendhäuser	S.E.		4,85 m	450 – 480 Jahre

GOTT

Alle Vollkommenheiten im Universum sind vereinigt in Gott.

Gott und Natur sind zwei Größen, die sich vollkommen gleich sind.

Die ganze Summe von harmonischer Tätigkeit, die in der göttlichen Substanz beisammen existiert, ist in der Natur, dem Abbilde dieser Substanz, zu ungezählten Graden und Maßen und Stufen vereinzelt.

Die Natur – erlaube mir diesen bildlichen Ausdruck – die Natur ist ein unendlich geteilter Gott.

Friedrich Schiller
aus Theosophie des Julius

05 Ohlweiler

Ort	Fotografiert am	Standort	Art	Name	Stammumfang	Alter (Keimjahr)
Ohlweiler Hunsrück	05.06.2023	Weinenweg	S.E.	Habitatbaum	5,15 m	450 – 500 Jahre

06 Pleizenhausen

Ort	Fotografiert am	Standort	Art	Name	Stammumfang	Alter (Keimjahr)
Pleizenhausen Hunsrück	09.06.2023	Weißmühle	S.E.		5,22 m	450 – 500 Jahre

07 Pleizenhausen

Ort	Fotografiert am	Standort	Art	Name	Stammumfang	Alter (Keimjahr)
Pleizenhausen Hunsrück	17.06.2023	ca. 0.5 km südl. Wirtschaftsweg Richtung Altweidelbach ca. 20 m rechts. Im Wald	T.E.	Waldeiche Pleizenhausen	4,62 m	420 – 450 Jahre

NATUR-
DENKMAL

08 Kleinweidelbach

Ort	Fotografiert am	Standort	Art	Name	Stammumfang	Alter (Keimjahr)
Kleinweidelbach Hunsrück	09.06.2023	Privat Fam. Färber	S.E.		3,95 m	350 – 370 Jahre

Diese Eiche steht auf dem Grundstück der Familie Färber, die ein sehr inniges Verhältnis zu ihrem Baum haben. Ich bin sehr dankbar, dass sie mir die Möglichkeit zur Aufnahme und Vermessung dieses schönen Exemplares gewährt haben.

09 Nannhausen

Ort	Fotografiert am	Standort	Art	Name	Stammumfang	Alter (Keimjahr)
Nannhausen Hunsrück	17.06.2023	ca. 0,2 km westl., an der K18	S.E.		4,64 m	420 – 450 Jahre

10 Nickweiler

Ort	Fotografiert am	Standort	Art	Name	Stammumfang	Alter (Keimjahr)
Nickweiler Hunsrück	17.06.2023	südwestl., an der K19	S.E.		4,77 m	um 1600

11 Ravengiersburg

Ort	Fotografiert am	Standort	Art	Name	Stammumfang	Alter (Keimjahr)
Ravengiersburg Hunsrück	17.06.2023	0,8 km östl., Schutzhütte St. Florian an der K 58	S.E.		4,30 m	400 Jahre

12 Soonwald

Ort	Fotografiert am	Standort	Art	Name	Stammumfang	Alter (Keimjahr)
Soonwald Hunsrück	25.06.2023	Landrichtweg ca. 3,0 km südwestl. v. Wanderparkplatz Ellerspring	S.E.	Bollinger Eiche	5,46 m	500 – 550 Jahre

Matthias Bollinger

(*20.Oktober 1858 ; gest. 20.Juni 1961 in Seesbach)

Matthias Bollinger betreute von 1890 bis 1925 das Forstrevier Alteburg, Forstamt Entenpfuhl im Soonwald, Hunsrück.

Er bezog ab 1896 das neu erbaute Forsthaus an der Landstraße zwischen Gemünden und Spabrücken, unweit der Trifthütte.

Legendär wurde M. Bollinger durch seine Aufbauleistungen im Soonwald. Nach seiner Pensionierung blieb er dem Soonwald erhalten. Anlässlich seines 100. Geburtstages erlegte er noch einen Zehnender-Kronenhirsch. Eine kapitale Eiche am Landrichtweg wurde nach ihm benannt.

(Quelle: Wikipedia)

13 Soonwald

Ort	Fotografiert am	Standort	Art	Name	Stammumfang	Alter (Keimjahr)
Soonwald Hunsrück	25.06.2023	ca. 2,0 km westl. vom Wanderparkplatz Ellerspring	S.E.	Kaisereiche	5,58 m	500 – 550 Jahre

Mein Freund Jörg Körsten

14 Soonwald

Ort	Fotografiert am	Standort	Art	Name	Stammumfang	Alter (Keimjahr)
Soonwald Hunsrück	25.06.2023	ca. 0,2 km nordöstl. der Kaisereiche (dahinter)	S.E.	Albert-Eiche (Zwiesel)	3,86 m	370 Jahre

Durchgehender spiralförmiger Wuchs. Diese Besonderheit deutet auf eine Wasserader hin.

15 Krummenau

Ort	Fotografiert am	Standort	Art	Name	Stammumfang	Alter (Keimjahr)
Krummenau Hunsrück	14.07.2023	ca. 1 km südwestl.	S.E.	Kaisereiche	6,28 m	550 – 600 Jahre

16 Bergen

Ort	Fotografiert am	Standort	Art	Name	Stammumfang	Alter (Keimjahr)
Bergen Hunsrück	14.07.2023	ca. 2,5 km nordwestl., an der K 26 Schutzhütte Ochsenherz	S.E.		5,37 m	500 Jahre

17 Waldböckelheim

Ort	Fotografiert am	Standort	Art	Name	Stammumfang	Alter (Keimjahr)
Waldböckelheim Hunsrück	19.07.2023	1,0 km südöstl. Jagdhaus Leonsruh	T.E.	Eiche am Pflanzgarten	5,08 m	450 – 500 Jahre

: Die Pflanzfrau:
Bis 2000 war sie auf dem deutschen 50 Pfennigstück abgebildet.
=passend für den Pflanzgarten = BAUMSCHULE
zur Person der Eichenpflanzerin:
Frau Gerda-Johanna Werner, geb. Heiser in Offenbach,
war akademische Malerin
Ihr Ehemann, Herr Werner war Bildhauer.

: Die Kirche der Natur :
Es ist der Wald wie eine Kirche,
Drum geh mit Andacht Du hinein.
Dort singen Vöglein fromme Lieder,
mit Deinem Gott bist Du allein !
Dort find'st Du Dome, weite Hallen,
doch auch Kapellen groß und klein,
dort laden moosbedeckte Bänke
zu stiller Andacht freundlich ein
Dort schau Dich um, ringsum im Kreise,
wo stolz die Waldesriesen steh'n,
Du wirst die Allmacht Deines Gottes
an jedem Baum und Strauche seh'n !
Du wirst verstehen der Bäume Gipfeln,
der Vöglein Stimmen rings umher,
es liegt im Wald ein tiefer Zauber,
es stärkt das Herz, wenn es Dir schwer.
D'rum wenn ein Leid Du willst vergessen,
ja selbst erflehen eine Gnad',
geh' nur hinein in Waldes Mitten,
Du findest stets den rechten Pfad.
Es steh'n die Tore allzeit offen
zu diesem Dom im düft'gen Hain,
kannst weinen, beten dort und hoffen
und auch vergessen.
Tritt nur ein !!!
im
lenzmond
2020

18 Odernheim – Disibodenberg

Ort	Fotografiert am	Standort	Art	Name	Stammumfang	Alter (Keimjahr)
Odernheim Disibodenberg	19.07.2023	Kloster Rundweg westlich des Weinberges	S.E.		5,34 m	ca. 500 Jahre

Extremer Standort auf Fels

Der Standort dieser Eiche gehört wohl nicht mehr direkt zum Hunsrück aber er steht in Verbindung mit Hildegard von Bingen und diese wurde vermutlich in Niederhosenbach/Hunsrück geboren.
So kann man die Aufnahme dieser wunderschönen Eiche in dieses Buch als eine Hommage an Hildegard von Bingen betrachten.

Naturdenkmal

19 Treis

Ort	Fotografiert am	Standort	Art	Name	Stammumfang	Alter (Keimjahr)
Treis Hunsrück	04.08.2023	Treiser Wald ca. 1,0 km westl. v. Honshäuserhof	T.E.	Schaufseiche	4,96 m	450 – 480 Jahre

20 Treis

Ort	Fotografiert am	Standort	Art	Name	Stammumfang	Alter (Keimjahr)
Treis Hunsrück	04.08.2023	Treiser Wald ca. 2,5 km südwestl. v. Honshäuserhof	T.E.	Weibereiche	4,75 m	450 – 480 Jahre

21 Brauneberg-Filzen

Ort	Fotografiert am	Standort	Art	Name	Stammumfang	Alter (Keimjahr)
Brauneberg-Filzen Hunsrück	09.08.2023	Klostergartenweg	S.E.		6,00 m	550 – 580 Jahre

Moselblick

22 Rorodt

Ort	Fotografiert am	Standort	Art	Name	Stammumfang	Alter (Keimjahr)
Rorodt Hunsrück	09.08.2023	Tannenhof	S.E.		4,45 m	420 – 450 Jahre

23 Rorodt

Ort	Fotografiert am	Standort	Art	Name	Stammumfang	Alter (Keimjahr)
Rorodt Hunsrück	11.08.2023	ca. 1,5 km nordwestl. Der unterste Hofberg	S.E.		5,86 m	500 – 550 Jahre

Diese Eiche konnte ich dank der freundlichen Hilfe von Frau Schmidt aus Rorodt ausfindig machen

24 Breit

Ort	Fotografiert am	Standort	Art	Name	Stammumfang	Alter (Keimjahr)
Breit Hunsrück	09.08.2023	ca. 2,0 km südöstl	T.E.	Kugelbaum	4,38 m	350 – 400 Jahre

Mit ausgeprägter Blitzrinne.

25 Külz

Ort	Fotografiert am	Standort	Art	Name	Stammumfang	Alter (Keimjahr)
Külz Hunsrück	18.08.2023	ca. 1,0 km westl., an der K20 (links)	T.E.		4,55 m	420 – 450 Jahre

26 Külz

Ort	Fotografiert am	Standort	Art	Name	Stammumfang	Alter (Keimjahr)
Külz Hunsrück	18.08.2023	ca. 1,0 km westl., an der K20 (rechts)	S.E.		4,60 m	420 – 450 Jahre

27 Filsch

Ort	Fotografiert am	Standort	Art	Name	Stammumfang	Alter (Keimjahr)
Filsch Hunsrück	02.09.2023	Traumschleife »Galgenkopfweg« An der Wolfskaul	S.E.		5,90 m	500 – 550 Jahre

28 Filsch

Ort	Fotografiert am	Standort	Art	Name	Stammumfang	Alter (Keimjahr)
Filsch Hunsrück	02.09.2023	Filscher Haus ca. 0,5 km südlich	S.E.		4,58 m	420 – 450 Jahre

29 Winterburg

Ort	Fotografiert am	Standort	Art	Name	Stammumfang	Alter (Keimjahr)
Winterburg Hunsrück	24.09.2023	ca. 1,5 km südlich, an der L108	S.E.		4,58 m	420 – 450 Jahre

30 Aschborner Hof, Spabrücken

Ort	Fotografiert am	Standort	Art	Name	Stammumfang	Alter (Keimjahr)
Aschborner Hof, Spabrücken Hunsrück	30.09.2023	ca. 2,5 km nordöstl	T.E.		3,70 m	350 – 380 Jahre

30 Aschborner Hof, Spabrücken

Fotografiert am

16.10.2024

Extremer Standort (steht auf Fels)

Weißenfels (538 m) Panoramablick ersten Ranges

31 Forsthaus Thiergarten

Ort	Fotografiert am	Standort	Art	Name	Stammumfang	Alter (Keimjahr)
Staatsforst Neupfalz Soonwald Hunsrück	07.10.2023	ca. 0,8 km südwestl. vom Forsthaus Thiergarten	S.E.		5,00 m	450 – 480 Jahre

32 Glashütter-Wiesen

Ort	Fotografiert am	Standort	Art	Alter
Staatsforst Neupfalz Soonwald Hunsrück	07.10.2023	ca. 1,5 km nordwestl. vom Parkplatz an der L239	25 – 30 Hute-Eichen auf 6 – 7 Hektar	zwischen 200 und 400 Jahren

32 Glashütter-Wiesen

Ort	Fotografiert am		Stammumfang	Alter (Keimjahr)
Staatsforst Neupfalz Soonwald Hunsrück	07.10.2023	Eine der Hute-Eichen exemplarisch mit Anomalie südl.Richtung	4,14 m	370 – 400 Jahre

33 Glashütter-Wiesen

Ort	Fotografiert am	Standort	Art	Name	Stammumfang	Alter (Keimjahr)
Staatsforst Neupfalz Soonwald Hunsrück	07.10.2023	ca. 1,2 km westl. v. Parkplatz an der L 239	S.E.	Erich-Albert-Eiche	4,22 m	380 – 400 Jahre

34 Bad Sobernheim

Ort	Fotografiert am	Standort	Art	Name	Stammumfang	Alter (Keimjahr)
Bad Sobernheim Hunsrück	24.09.2023	Stadtwald	T.E.	Eiche bei Hubertuslust	5,12 m	450 – 480 Jahre

35 Bad Sobernheim

Ort	Fotografiert am	Standort	Art	Name	Stammumfang	Alter (Keimjahr)
Bad Sobernheim Hunsrück	15.10.2023	ca.1,5 km nordwestl. v. Freilichtmuseum	T.E.	Dicke Eiche	4,04 m	380 – 400 Jahre

DICKE EICHE

36 Valwigerberg

Ort	Fotografiert am	Standort	Art	Name	Stammumfang	Alter (Keimjahr)
Valwigerberg Hunsrück	21.10.2023	Schafstaller Hof	S.E.		5,36 m	500 – 550 Jahre

37 Valwigerberg

Ort	Fotografiert am	Standort	Art	Besonderheit	Stammumfang	Alter (Keimjahr)
Valwigerberg Hunsrück	21.10.2023	Schafstaller Hof	S.E.	Zwiesel	4,74 m	450 Jahre

Alte Herberge

Ich kenn da eine alte Eiche, die steht seit hunderten von Jahren in einem lieblichen Tal.
Fest verankert auf Mutter-Erde Grund überdauert sie allen Unbillen zum Trotz –
der Gezeiten schwerste Stürme.
Standhaft, würdevoll und wehrhaft wie eine stolze, alte Trutzburg.
Ihr Anblick versetzt mich in ehrfurchtsvolles Staunen, berührtest meine Seele tief.

Sie ist seit uralter Zeit Wirt und Ernährer für unzählige Lebewesen – großartige Symbiose.
Vor meinem inneren Auge steigen Bilder aus meinem Innersten herauf – aus längst vergangener Zeit.
Schweigen, lauschend dem Windhauch in ihren Wipfeln – liebkosender Gesang durch der
Wind-Harfen Klang.
Sitzend am Wegesrand, andächtiges Staunen, tief ergriffen. – von so viel kraftvoller Anmut.

Ich wünsche dir aus ganzem Herzen, du König unter Königen, noch viele hundert Jahre Fortbestehen.
Und gewähre den kleinen wie den großen Lebewesen noch lange Zeit eine Zuflucht und Herberge.
In stillem Gewahrsein vertrau ich dir alle meine Sorgen und Nöte an – mein Herzens-Freund.
Dein Frieden, den du verströmst, wird zum Segen für all jene, die deine Nähe suchen.

In deiner Obhut erstrahlt des Menschen Seele – schenkst uns Menschen Friede, Kraft und Zuversicht.
Danken möchte ich dir aus tiefster Seele für deine Freundschaft, du wundervolles, majestätisches Wesen.
Ein Band innigster Verbundenheit besteht nun für alle Zeit.
Höre stets auf die Stimme deines Herzens, dann vernimmst du auch ihre Stimme –
wenn sie zu dir spricht.

Zeit und Raum verlierend, weil tief versunken in einen wunderschönen Traum.
Gedanken des Friedens entlass in die Welt – sie finden den Weg in offene und weite Herzen.

Frank Wobith

38 Wiltinger Wald

Ort	Fotografiert am	Standort	Art	Name	Stammumfang	Alter (Keimjahr)
Wiltinger Wald Vierherrenborn Hunsrück	25.08.2023	ca. 2,0 km westl. vom Steinbachweiher	T.E.	Eiche am Krohkreuz	4,08 m	350 – 380 Jahre

Der Legende nach wurde das Kreuz von einem Herren gestiftet, der sich vor einem Wolfsangriff auf die Eiche retten konnte.

39 Hilscheid

Ort	Fotografiert am	Standort	Art	Name	Stammumfang	Alter (Keimjahr)
Hilscheid Hunsrück	25.08.2023	Forsthaus Röderbach	S.E.		4,89 m	450 – 480 Jahre

Mutter Göttin – Danu

Heilende, transformierende Natur, lebendige, vitalisierende faszinierende Realität.
Ein sich innwendiges neues Ausrichten, außerhalb der Ströme der Zeit.
Vernehme den enormen Pulsschlag, universellen Lebens.
Geheimnisvoller, kraftvoller, archaischer Raum – und nehme in dir auf,
den machtvollen Naturrhythmus von Mutter Erde.

Weit weg entlegene geweihte Orte – Hallen der Unendlichkeit – das Königreich ist manifest.
Hier trifft man auf die Herrlichkeit der Mächte.
Wahrlich mit Demut und größter Ehrfurcht, betretet so den Zauberwald.
Nur die Spiegelung durch diesen erhabenen Seelenraum verbindet dich
wieder mit deinem höheren Selbst.

In des Waldes Einsamkeit begegnest du der großen Göttin «Mutter Natur«.
Lege auch du dein Haupt in den sanften Mutterschoß – allen Seins.
Lass dich tragen von der Liebe Sanftmut und strebe nach Erhöhung deines Bewusstseins.
Bezeuge mit ganzem Herzen – jenen reinen Weg der Heiligkeit.

Aufgesogen mit jeder Faser deines Seins – diese Edlen Gaben, welch kostbares Geschenk.
Allmacht, Allwissenheit und Allgegenwart, dies Potential gilt es zu erschließen.
Den Treueschwur, den leiste ich dir – Eure Erhabenheit – hier und heut,
bis hin zur letzten Menschen-Stund.
Soviel kraftvolle Schönheit, in ihrer Gesamtheit – lässt erahnen – »Atmische Ebene«.

Betrete mit deiner Seele diesen geheiligten Raum für die, die nach uns kommen.
Möge man in Zukunft auch unserer Ehren gedenken – als Bewahrer geheiligter Orte.
Werde auch du zu einem »Anam Cara« – für alles Leben.

Frank Wobith

40 Waldalgesheim

Ort	Fotografiert am	Standort	Art	Name	Stammumfang	Alter (Keimjahr)
Waldalgesheim Hunsrück	24.092023	Ruheforst	T.E.	Kaltwasser-eiche	3,74 m	ca. 410 Jahre (um 1610)

Diese Eiche inspirierte bereits J. W. von Goethe in seinem Gedicht »Willkommen und Abschied«

Willkommen und Abschied (1. Strophe)

Es schlug mein Herz, geschwind zu Pferde!
Es war getan fast eh gedacht.
Der Abend wiegte schon die Erde,
Und an den Bergen hing die Nacht;
Schon stand im Nebelkleid die Eiche,
Ein aufgetürmter Riese, da,
Wo Finsternis aus dem Gesträuche
Mit hundert schwarzen Augen sah.

(Johann Wolfgang von Goethe, 1789)

41 Ruwer

Ort	Fotografiert am	Standort	Art	Name	Stammumfang	Alter (Keimjahr)
Ruwer Hunsrück	14.10.2023	Im Paulinsgarten, leider nicht zugänglich!	S.E.		geschätzt ca. 5,00 m	450 – 480 Jahre

42 Binger Wald

Ort	Fotografiert am	Standort	Art	Name	Stammumfang	Alter (Keimjahr)
Binger Wald Hunsrück	24.10.2023	Gerhardshof, Viehstäbelborn ca. 0,8 km nordwestl.	T.E.		5,10 m	480 – 500 Jahre

Hute-Eiche (sehr markant)

Hier befand sich früher ein Hutewald, diese wunderschöne Eiche ist eines der letzten Exemplare.

Morgenbachtal

Wild pocht mein Herz, der Freude pur.-
Entbrennt ein wildes Feuer.-
Der Herzen's Glut wird's Nahrung sein.-
Zart und wild sogleich, vereinende Natur.-

Blüh auf mein Herz und werde frei – der Elemente gleich-
Die Sonne lacht tief hinein, in des Wesen's Kern.-
Der Geist wird wach aus langem Schlafe.-
Es werden freie Menschen sein.-

Gelabt aus kühnem Grunde, erquickt uns voller Munde.-
Liebkost der Wind des Menschen Seele, erlischt gar
schlimmste Seelen-Pein.-
Gestärkt durch diese wunderbaren Gaben erfährt man
Heilung – Wunderbar.-
Welch Entzücken, welch Entrücken, Hoffnung wird so
wieder frei.-

Schönheit »atemberaubende« verzaubert mir die Sinne.-
Geborgen im Schatz des Seins, lasst Euch umarmen,-
Der Erde Wesen weisen uns den Weg.-
Extase wilder Tanz, im Einklang mit Natur, welch Wohlklang.-

Tief ergriffen und voll der Gnade, wandeln wir zur Ewigkeit.-
Zeit verliert hier und jetzt ganz und gar ihren Schrecken.-
Durch solche Pracht und Herrlichkeit zu schreiten,
süßer Friede pur.-
Hoffnungsstrahl hat dich erfasst, des Menschen Schicksal,
ist vollbracht.-

Voll Friede, Freude und glückselig ward diese Wanderschaft.-
Drückt Herzensleid deine Seele, so gedenk der wunderbaren
Zaubermacht.-
Der Worte sind gar viel gesprochen, zuhaus im Paradies
da weilten wir.-
Ein Wimpernschlag, ein kleines Glück – wir sehnen uns
bereits zurück.-

43 Weiler bei Bingen

Ort	Fotografiert am	Standort	Art	Name	Stammumfang	Alter (Keimjahr)
Weiler bei Bingen Hunsrück	24.10.2024	Münsterer Wald	S.E.	Hildegardis-Eiche (die 700-jährige)	5,36 m	500 – 520 Jahre

Mit Forstrevierleiter Maximilian Roffhack

Forstrevier »Heilig-Kreuz« Binger Wald

Diese wunderschönen Eichen konnte ich dank des freundlichen und engagierten Entgegenkommens des jungen Forstrevierleiters, Herrn Roffhack, in Augenschein nehmen.

44 Eitzweiler

Ort	Fotografiert am	Standort	Art	Name	Stammumfang	Alter (Keimjahr)
Eitzweiler Freisen Landkreis St. Wendel Hunsrück	26.10.2024	ca. 0,7 km nordwestl. an der L315	S.E.		7,90 m ca. 20 – 30 cm über dem Boden 6,00 m	550 – 600 Jahre

Maserknolle

Eine Maserknolle, auch Maserkropf genannt, ist eine Wucherung am Baum, die ein gemasertes Holz ergibt.

45 Tempelkopf Plein

Ort	Fotografiert am	Standort	Art	Name	Stammumfang	Alter (Keimjahr)
Tempelkopf Plein	08.05.2023	Burgberg Plein oberhalb Pleiner Mühle	S.E.	Alte Eiche	3,98 m	400 – 420 Jahre extremer Stand-

46 Uedelhoven

Ort	Fotografiert am	Standort	Art	Name	Stammumfang	Alter (Keimjahr)
Uedelhoven Eifel	26.10.2023	ca. 0,6 km südl. Marliesenhof	S.E.		4,76 m	450 Jahre

47 Rohr bei Blankenheim

Ort	Fotografiert am	Standort	Art	Name	Stammumfang	Alter (Keimjahr)
Rohr bei Blankenheim Eifel	26.10.2023	ca. 1,0 km westlich. Distrikt Buch	S.E.		4,62 m	450 Jahre

48 Merlscheid

Ort	Fotografiert am	Standort	Art	Name	Stammumfang	Alter (Keimjahr)
Merlscheid Eifel	06.08.2022	Im Ort, Hauptstr.	S.E.		5,43 m	500 Jahre

Splintholz hohl

49 Dorfeichen in Rodt

Ort	Fotografiert am	Standort	Art	Name	Stammumfang	Alter (Keimjahr)
Rodt	19.05.2023	Im Ort,	S.E.		5,10 m	475 – 500 Jahre

50 Dorfeichen in Rodt

Ort	Fotografiert am	Standort	Art	Name	Stammumfang	Alter (Keimjahr)
Rodt	19.05.2023	Im Ort,	S.E.		4,70 m	450 – 470 Jahre

51 Kloster Himmerod

Ort	Fotografiert am	Standort	Art	Name	Stammumfang	Alter (Keimjahr)
Kloster Himmerod Großlittgen Eifel	05.08.2023	0,5 km nordöstl. an der Salm	S.E.		4,55 m	420 – 450 Jahre

In des Tales Aue steht ein wundervoller »uralter Baum« – erhaben, kraftvoll und schön – eine Zierde seiner Gattu
Aus dem Gedicht »Am Wegesrand /Verpflichtend« F.W.

52 Aach

Ort	Fotografiert am	Standort	Art	Name	Stammumfang	Alter (Keimjahr)
Aach Eifel	19.05.2023	Sievenicher Hof	S.E.		4,42 m	420 – 450 Jahre

53 Aach

Ort	Fotografiert am	Standort	Art	Name	Stammumfang	Alter (Keimjahr)
Aach Eifel	21.09.2023	ca. 0,4 km noröstl. v. Sievenicher Hof	S.E.	Grenzeiche	5,31 m	500 Jahre

Segensreich – Siegreich

Kraftvolle, magische, mystische Natur.-
Überreich die Schätze von Mutter Erde.-
Man hege und pflege sie jeden Tag aufs Neue.-
Der Seele spendende Nahrung für den, der mit dem Herzen wahrnimmt.-

Mit größter Ehrfurcht und Respekt, begrüßen wir huldvoll die Segensreiche – Siegreiche.-
Totales sich öffnen, sich weitendes Bewusstsein, dank geheimnisvoller Mysterienschule – Wald.-
In »lichtdurchfluteten« Tempeln bringen strahlende Wesen ihre Anbetung dar.-
Weihevolle geheiligte Orte der Erneuerung – sprachloses Entrücken.-

Lichtdurchflutete Kathedralen der Unendlichkeit durchlichten des Menschen innerstes Wesen.-
Lausche andächtig dem Spiel der Windharfen – freie Seele ewiglich.-
Wo ferne Mächte schauen tief in eines jeden Herz hinein, da möchte man beständig sein.-
Halte dein Bewusstsein so klar und strahlend – wie ein wolkenloser
Himmel über dir.-

Glückselig, wer sich sein reines Herz bewahrt.-
Es gibt dermaßen grandiose Ort, dies muss so bleiben jetzt und für alle Zeit.-
Was der Wald dem Menschen schenkt, ist mit keinem Schatz der Welt – aufzuwiegen.-
Die Wiege allen Lebens ist und bleibt die alles vereinende Natur.-

Frank Wobith

54 Körperich – Kammerwald

Ort	Fotografiert am	Standort	Art	Name	Stammumfang	Alter (Keimjahr)
Körperich bei Roth an der Our Eifel	23.05.2023	im Kammerwald	S.E.	Königseiche	5,05 m Höhe 38 m	450 Jahre (um 1575)

KÖNIGSEICHE
TRAUBENEICHE 30 FM

55 Roscheid

Ort	Fotografiert am	Standort	Art	Name	Stammumfang	Alter (Keimjahr)
Roscheid Eifel	23.05.2023	im Ort	S.E.	Thommes-eiche	4,80 m	450 – 470 Jahre

Der Westwall verlief mitten durch den Grenzort Roscheid. Das Dorf wurde im zweiten Weltkrieg völlig zerstört. Wie durch ein Wunder hat die Thommeseiche dieses unbeschädigt überstanden.

56 Schmitt

Ort	Fotografiert am	Standort	Art	Name	Stammumfang	Alter (Keimjahr)
Schmitt	12.07.2023	ca. 0,6 km	S.E.		4,14 m	380 – 400 Jahre

57 Gillenbeuren

Ort	Fotografiert am	Standort	Art	Name	Stammumfang	Alter (Keimjahr)
Gillenbeuren Eifel	12.07.2023	ca. 0,8 km westl. vom Birkenhof	S.E.	Dicke Eiche	5,37 m Splintholz hohl	500 Jahre

Gillenbeuren, das Eichendorf. Im Dorf und Umgebung stehen insgesamt 10 Eichen.

58 Gillenbeuren

Ort	Fotografiert am	Standort	Art	Name	Stammumfang	Alter (Keimjahr)
Gillenbeuren Eifel	12.07.2023	Ca. 1,0 km westl. vom Birkenhof (oberhalb der Fischteiche)	S.E.		4,27 m	400 – 420 Jahre

59 Dierscheid (Meulenwald)

Ort	Fotografiert am	Standort	Art	Name	Stammumfang	Alter (Keimjahr)
Dierscheid	29.07.2023	Kirche, Auf der Kehr	S.E.	Alte Eiche	5,39 m	500 Jahre

60 Flußbach/Krotzig

Ort	Fotografiert am	Standort	Art	Name	Stammumfang	Alter (Keimjahr)
Flußbach/Krotzig Eifel	31.07.2023	ca. 2,5 km. nordöstl.	T.E.		5,10 m	480 – 500 Jahre

61 Klüsserath

Ort	Fotografiert am	Standort	Art	Name	Stammumfang	Alter (Keimjahr)
Klüsserath Eifel	02.08.2024	Ca. 1,0 km nördl., Wassertretbecken	S.E.		4,66 m	420 – 450 Jahre

62 Osann-Monzel

Ort	Fotografiert am	Standort	Art	Name	Stammumfang	Alter (Keimjahr)
Osann-Monzel Eifel	16.08.2024	ca. 2,0 km östl. Stoppelberg	T.E.	Förster Claus Eiche	5,09 m	480 – 500 Jahre

Besichtigung mit Herrn Franz Fischer (Beigeordneter/Geschäftsbereich Flächenmanagement)

Mein Freund der Baum

Mit starken Wurzeln stehst du in der Zeit, unumstößlich.
Eine Krone ziert dein Haupt, eines Königs würdig.
Genügsamkeit zeichnet dein Wesen aus.
Schenkst mit Freude Kraft und Ruh.

An scheinbar aussichtlosen Orten zu wachsen und gedeihen ist beispiellos.
Erträgst auch größte Widrigkeiten.
Verschenkst auch klaglos deine Gaben, wunderbar.
Wenn kraftvoll deine Wipfel wehen, es uns so hoch hinaus erhebt.

Lauscht im Rauschen des Windes-Geschichten längst vergangener Zeit.
Dich zu umarmen, deine Kraft zu spüren, lass sie hinein.
Von dir zu lernen, heißt sich selbst zu erkennen.
In deiner Obhut geht es mir ach so gut.

Bewahrst auch unsere Mutter Erde vor menschlich groß Zerstörungswut.
In des Waldes tiefer Einsamkeit-stehst du mein Freund, ein würdevolles Wesen.
Habt Dank ihr großen, starken-sanften Riesen.
Und stehst mit mir im Abendrot.

Ihr himmelwärts strebenden Titanen des Waldes.
Freunde der Menschen, Lehrer, Prediger für den, der mit dem Herzen hört.
Von den Göttern gesandt, Ihr Menschheitslehrer seit Alters her.
Und du und ich, wir wurden eins, bewegendes Entzücken.

Frank Wobith

63 Prümzurlay

Ort	Fotografiert am	Standort	Art	Name	Stammumfang	Alter (Keimjahr)
Prümzurlay Eifel	31.08.2024	Prümer Burg , bei der Burgruine (extremer Standort, Hangkante, steht auf Fels)	T.E.		4,95 m	450 – 500 Jahre

64 Diesburger Hof

Ort	Fotografiert am	Standort	Art	Name	Stammumfang	Alter (Keimjahr)
Ferschweiler Eifel	07.09.2024 31.08.2024	ca. 150 m südwestl. v. Diesburger Hof	T.E.		4,92 m	450 – 480 Jahre

Extremer Standort – steht auf Fels

Bei einer Baumsanierung wurde eine Gewehrkugel gefunden, die vermutlich aus der französischen Besatzungszeit (1794 – 1815) stammt.

Diese Information verdanke ich den freundlichen und aufgeschlossenen Bewohnern des landwirtschaftlichen Betriebes.

Sei still mein Herz, …

Sei still mein Herz,
die Bäume beten.

Ich sprach zum Baum:
Erzähl mir von Gott.

Und er blühte.

Rabindranath Tagore (Indien, 1861 – 1941)

Tagore erhielt 1913 den Nobelpreis für Literatur
und war damit der erste asiatische Nobelpreisträger.

65 Andernach

Ort	Fotografiert am	Standort	Art	Name	Stammumfang	Alter (Keimjahr)
Andernach Eifel	10.06.2023	Stadtteil Miesenheim Gut Nettehammer	S.E.		6,13 m	550 – 600 Jahre

66 Andernach

Ort	Fotografiert am	Standort	Art	Name	Stammumfang	Alter (Keimjahr)
Andernach Eifel	09.05.2024	ca. 0,3 km südöstl. vom Marienstätterhof	S.E.		3,95 m	370 – 380 Jahre

67 Lahr

Ort	Fotografiert am	Standort	Art	Name	Stammumfang	Alter (Keimjahr)
Lahr Eifel	07.09.2024	Bierendorferstr. An der Kapelle	S.E.		4,35 m	420 Jahre

68 Lahr

Ort	Fotografiert am	Standort	Art	Name	Stammumfang	Alter (Keimjahr)
Lahr Eifel	07.09.2024	hinter der Kapelle	S.E.	Eiche hinter der Kapelle	4,53 m	420 – 450 Jahre

Eifel-Land

Oh, du wundersames Land.
Still und leise ruhen friedlich und frei,
Orte voller Ruhe und Zuversicht.
Welch Ruhe und Kraft, welch Klarheit und Weite.
Du prächtige, oh du Liebliche!

Gieß aus dein »Füllhorn« voll der Liebe.
Glühende Leidenschaft ward entbrannt, wie vorher nie gekannt.
Derbes, raues, wildes Land, ganz von Sinnen, ganz gebannt.
Friedlich, heiter, ganz beschwingt, träumt so herrlich vor sich hin.

Du Land der Träume.
Welch schwere Zeiten du auch durchgemacht.
Dies Land vermag zu heilen.
Und bringt zurück Hoffnung und Zuversicht.

Land des Wassers und der Glut – es »nährt« uns ach so gut.
Aus lauterem Herzen der Seele Glanz, wird geboren der Freude Tanz.
Wird Freude zum Wegbegleiter, eilt hin zur Himmelsleiter.
Orte des Glücks, welch Segen, ihr Edlen.

Du Quell der Freude, lass dich umarmen.
Bring heim dein Herz zur süßen Ruh.
Freies Spiel der Elemente, welch kosmische Kräfte.
Am Nektar gelabt, Frei zu sein bedarf es so wenig.

Frank Wobith (»vad« »ila«)

69 Rockeskyll

Ort	Fotografiert am	Standort	Art	Name	Stammumfang	Alter (Keimjahr)
Rockeskyll Eifel	18.08.2024	Im Ort, Dorfstr.	Hybrid		4,36 m	380 – 400 Jahre (um 1700?)

70 Maria Laach

Ort	Fotografiert am	Standort	Art	Name	Stammumfang	Alter (Keimjahr)
Maria Laach Eifel	20.09.2024	Kloster Haupteingang	T.E.		5,30 m	480 – 500 Jahre

Naturdenkmal

71 Monschau

Ort	Fotografiert am	Standort	Art	Name	Stammumfang	Alter (Keimjahr)
Monschau Eifel	29.09.2024	Im Läucherbüschel ca. 0,5 km nordöstl. der Vennbahn	T.E.		4,05 m	380 – 400 Jahre

72 Kalterherberg

Ort	Fotografiert am	Standort	Art	Name	Stammumfang	Alter (Keimjahr)
Kalterherberg Eifel	29.09.2024	Theissbaumweg, Wanderweg Nr. 53	S.E.	Theiss-Eiche	3,91 m	350 – 380 Jahre

»Theiss-Eiche«

Der »Theißbaum« galt bei unseren Vorfahren als ein »Gott geweihter« Baum. Der Besitzer der Parzelle, auf der dieser Baum stand , soll in seinem Testament verfügt haben, dass der Pächter bzw. der Nutznießer alljährlich zum Fronleichnamstag einen Altar errichten und ausstatten sollte. So gab es in Kalterherberg in den 1950er Jahren Fronleichnamsprozessionen zum Theißbaum.

73 Kottenforst

Ort	Fotografiert am	Standort	Art	Name	Stammumfang	Alter (Keimjahr)
Kottenforst Roetgen Eifel	03.10.2024	Parkplatz Bahnhof zum Kottenforst. B 565 ca. 1,4 km südwestlich (schwer zugänglich)	T.E.	Mammut- eiche	4,83 m	450 – 480 Jahre

Lobpreisung auf den Wald!

Wald

Wald Du »Quell« der Freude.
Du wunderbarer Ort.
Du wundersamer Hort.
Wie »geborgen« und »wohl« ist es in Dir.

Mein Herz fließt über vor Wonne.
Wandle durch »liebliche« Täler und ewiglichen Grund.
Ist Nahrung aus tiefstem Seelengrund.
Tritt ein,- Tauch ein, in Stille und Friede.

Die Sinne sind wach, dein Herz ist offen!
An solch einem »Ort« lässt sich hoffen.
Schreite, Schritt für Schritt, mutig voran.
In Nebelschwaden geborgen liegt tief verborgen
eine andere Welt.

Die Grenzen sind fließend.
Zeit verliert ihren Panzer, frei hebt und senkt sich
die Brust.
Der Atem fließt wieder frei.

Voller »Liebe« und »Demut« trittst du ein
In den göttlichen Lebensfluss!
Wohl wahr, dies ist Leben im Überfluss!

Frank Wobith (»vad« »ila«)

74 Pesch

Ort	Fotografiert am	Standort	Art	Name	Stammumfang	Alter (Keimjahr)
Pesch Eifel	28.03.2024	ca. 1,5 km nordöstl., an der L158	S.E.		5,02 m	480 – 500 Jahre

74 Pesch

Ort

Pesch
Eifel

Fotografiert am

16.06.2024

75 Heimerzheim

Ort	Fotografiert am	Standort	Art	Name	Stammumfang	Alter (Keimjahr)
Heimerzheim Eifel	16.05.2024	Stadtwald ca. 1,5 km östl. von Heimerzheim Wanderweg A5	T.E.	Krause Eiche	5,88 m	500 – 550 Jahre

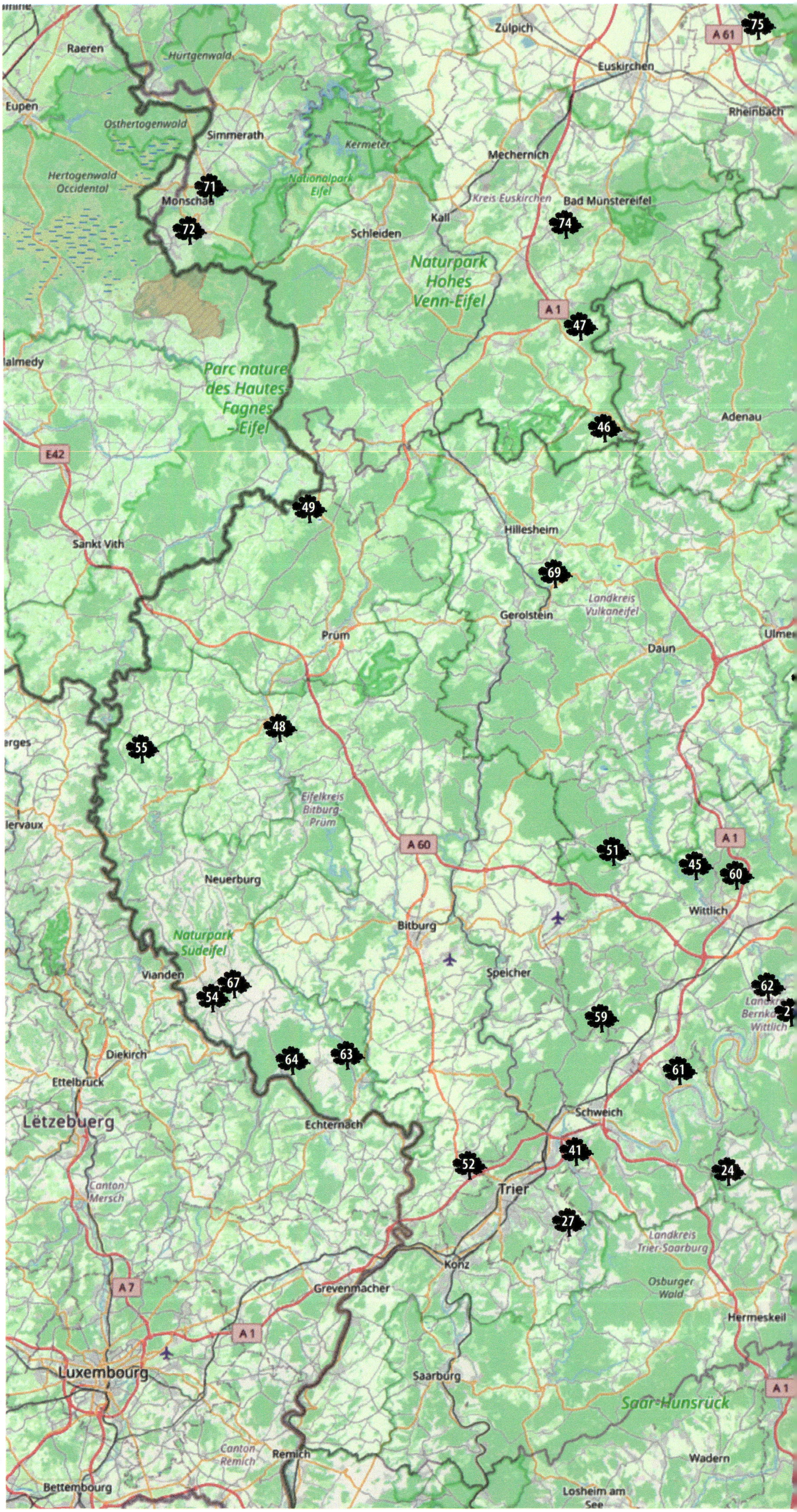

Karte: © OpenStreetMap

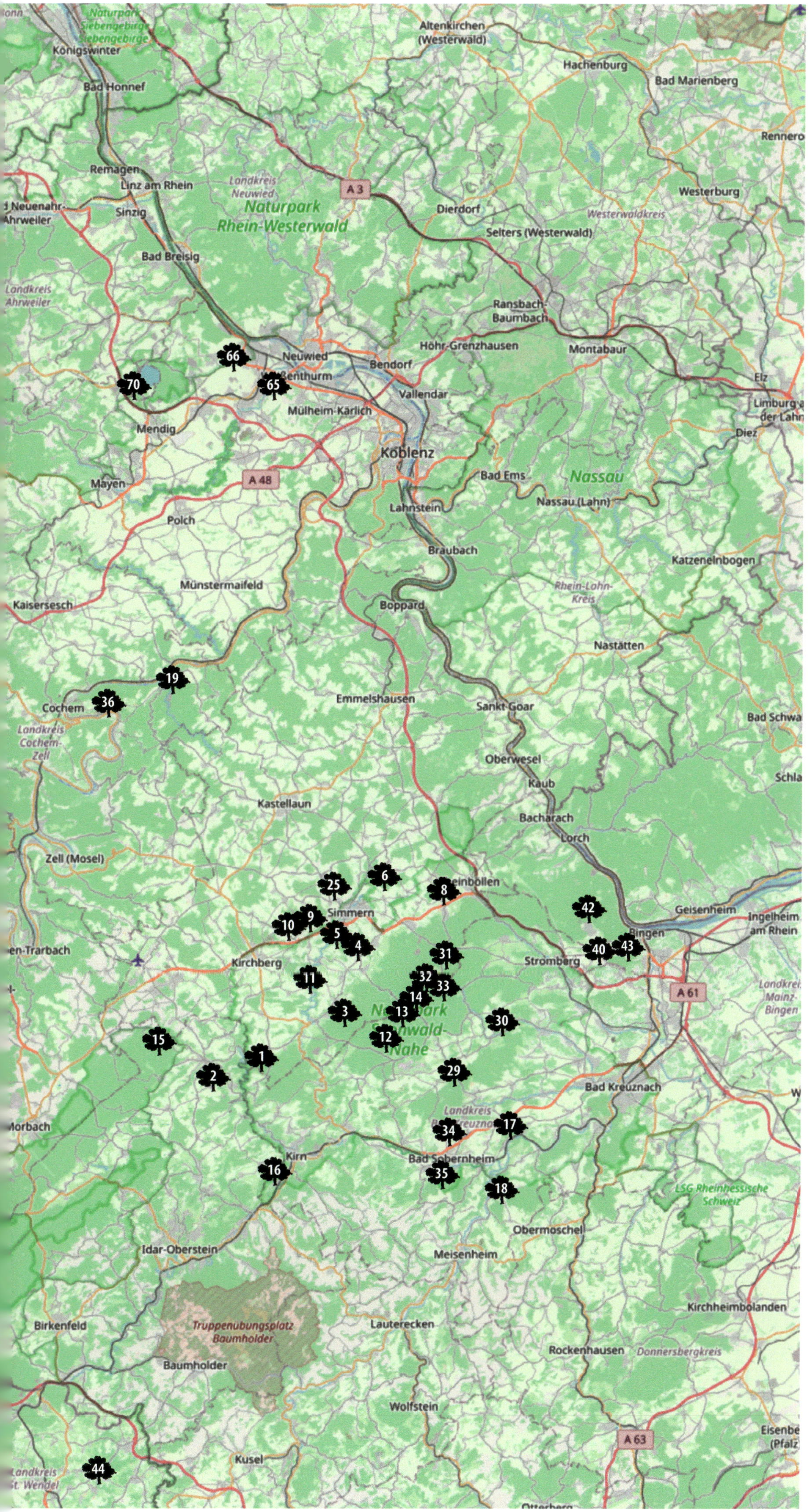

Königswinter
Bad Honnef
Altenkirchen (Westerwald)
Hachenburg
Bad Marienberg
Remagen
Linz am Rhein
Sinzig
Bad Breisig
Naturpark Rhein-Westerwald
Landkreis Neuwied
A 3
Dierdorf
Selters (Westerwald)
Westerburg
Westerwaldkreis
Landkreis Ahrweiler
Ransbach-Baumbach
Höhr-Grenzhausen
Montabaur
Neuwied
Bendorf
Vallendar
Mülheim-Kärlich
Mendig
Koblenz
Limburg a der Lahn
Diez
Mayen
A 48
Bad Ems
Nassau
Nassau (Lahn)
Lahnstein
Polch
Braubach
Katzenelnbogen
Münstermaifeld
Rhein-Lahn-Kreis
Kaisersesch
Boppard
Nastätten
Cochem
Landkreis Cochem-Zell
Emmelshausen
Sankt Goar
Oberwesel
Kaub
Kastellaun
Bacharach
Lorch
Zell (Mosel)
Simmern
Geisenheim
Bingen
Ingelheim am Rhein
Kirchberg
Stromberg
A 61
Landkreis Mainz-Bingen
Bad Kreuznach
Morbach
Kirn
Bad Sobernheim
Obermoschel
Meisenheim
LSG Rheinhessische Schweiz
Idar-Oberstein
Truppenübungsplatz Baumholder
Birkenfeld
Baumholder
Lauterecken
Kirchheimbolanden
Rockenhausen
Donnersbergkreis
Wolfstein
A 63
Kusel
Landkreis St. Wendel
Otterberg

Vielen Dank

Dieser Bildband ist für all jene erstellt worden, die trotz aller Widrigkeiten, die Natur als Lebenselexier empfinden und sich als ein Teil ihrer zugehörig fühlen.

Bei meinen Unternehmungen habe ich großes Interesse und Neugierde wahrgenommen.

Es ist immer wieder schön, auf Menschen zu treffen, die meinen Enthusiasmus und die Freude an Gottes Schöpfung teilen.

Bedanken möchte ich mich ganz herzlich bei Klaus Herzmann (Fotograf und Reisejournalist), Herrn Meyer (Forstrevierleiter Klausen), Franz Fischer (Beigeordneter-Flächenmanagement Osann-Monzel) sowie Maximillian Roffhack (Forstrevierleiter Heilig-Kreuz, Bingerwald), ohne deren Hilfe ich einige wunderschöne Bäume nicht gefunden hätte.

Auch gilt mein Dank allen Jagdpächtern, Forstwirten, Waldarbeitern und ortskundigen Wanderern, die mir mit Tipps und Hinweisen stets weitergeholfen haben.

Danke auch meinen Freunden, die meine Liebe zur Natur teilen.

Ein besonderer Dank gilt meiner gesamten Familie für ihre Geduld, Verständnis und moralische Unterstützung.

Danke auch meinem Freund, Horst Milczynski, dem erfahrenen Wünschelrutengänger und Naturkundigen für seine Alterseinschätzungen.

Auch möchte ich dem Rhein-Mosel-Verlag mit seinem Team, besonders Frau Thur, danken.